官方兽医培训系列教材
动物检疫操作图解手册

家禽检疫操作

图解手册

中国动物疫病预防控制中心 ◎ 组编

U0257441

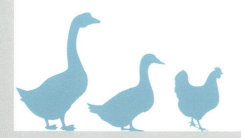

中国农业出版社
北 京

图书在版编目（CIP）数据

家禽检疫操作图解手册/中国动物疫病预防控制中
心组编 . —北京：中国农业出版社，2024.3
（动物检疫操作图解手册）
ISBN 978-7-109-30115-3

Ⅰ.①家…　Ⅱ.①中…　Ⅲ.①家禽－动物检疫－图解
Ⅳ.①S851.34-64

中国版本图书馆CIP数据核字(2022)第184790号

中国农业出版社出版
地址：北京市朝阳区麦子店街18号楼
邮编：100125
策划编辑：周晓艳　王森鹤
责任编辑：周晓艳　弓建芳
版式设计：杨　婧　责任校对：吴丽婷　责任印制：王　宏
印刷：中农印务有限公司
版次：2024年3月第1版
印次：2024年3月北京第1次印刷
发行：新华书店北京发行所
开本：700mm×1000mm　1/16
印张：3.75
字数：71千字
定价：45.00元

丛书编委会

主　任：陈伟生　冯忠泽

副主任：徐　一　柳焜耀

委　员：王志刚　李汉堡　蔺　东　张志远

　　　　高胜普　李　扬　赵　婷　胡　澜

　　　　杜彩妍　孙连富　曲道峰　姜艳芬

　　　　罗开健　李　舫　杨泽晓　杜雅楠

本书编写人员

主　编：周建胜　徐　一　张志远　胡　澜
副主编：梁俊文　蔺　东　赵　婷　孙祥仓
编　者（按姓氏笔画排序）：

王昌健　王峰升　王瑞红　刘瑞菊

孙玉红　孙祥仓　李　扬　李　靖

杨　慧　张　黎　张宇鑫　张志帅

张志远　张宝生　张建波　张砚亮

邵启文　周建胜　孟　伟　孟宇航

赵　婷　赵永攀　赵韶阳　胡　澜

柳松柏　逄国梁　贾广敏　徐　一

郭　浩　郭慧君　梁　旭　梁俊文

韩舒舒　蔺　东　臧建金　魏宝华

前　言

　　动物检疫工作是预防、控制动物疫病的重要措施，鸡、鸭、鹅等家禽作为我国肉蛋类食品的重要来源，做好检疫工作尤为重要。2023年，农业农村部对《家禽产地检疫规程》《家禽屠宰检疫规程》和《跨省调运种禽产地检疫规程》（以下统称《规程》）进行了修订。一系列《规程》的修订，进一步规范了家禽检疫工作，为高致病性禽流感、新城疫等动物疫病防控工作提供了有力的技术支撑，对促进畜牧业高质量发展和保障畜禽产品质量安全发挥了重要作用。

　　为便于各级广大动物检疫工作人员熟练掌握家禽检疫技术，提高检疫水平，我们组织了长期从事动物检疫工作的业务骨干和专家，共同编写了《家禽检疫操作图解手册》。本书紧紧围绕《规程》，紧贴工作实践，对家禽产地检疫、家禽屠宰检疫和跨省调运种禽产地检疫以图文并茂的形式解构工作流程和判定标准。本书可作为动物检疫工作人员培训教材或工作参考用书。

由于时间仓促，编者水平有限，内容难免有疏漏或值得商榷之处，敬请批评指正。

编　者

2023 年

c o n t e n t s

目 录

第一章　检疫申报

我国实行动物检疫申报制度。按照动物检疫规程规定，货主应当向当地动物卫生监督机构申报检疫，并提供有关材料。动物卫生监督机构接到检疫申报后，应当及时对申报材料进行审查。

第一节　家禽产地检疫申报需要的材料

家禽产地检疫申报需要的材料见图1-1。

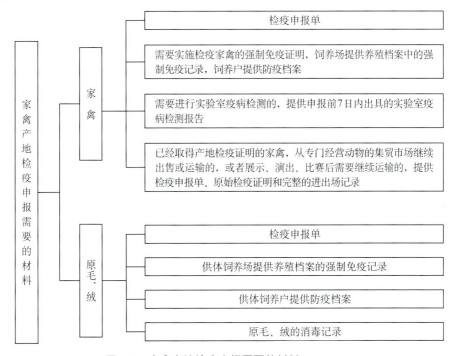

图1-1　家禽产地检疫申报需要的材料

第二节 家禽屠宰检疫申报需要的材料

家禽屠宰检疫申报需要的材料见图1-2。

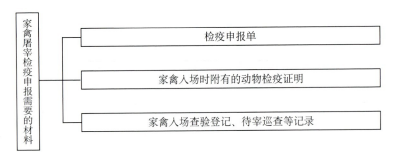

图1-2 家禽屠宰检疫申报需要的材料

第三节　跨省调运种禽产地检疫申报需要的材料

跨省调运种禽产地检疫申报需要的材料见图1-3。

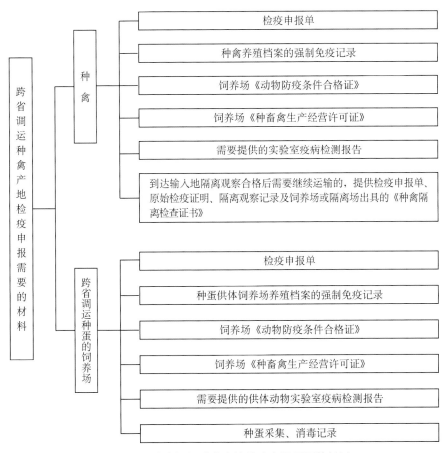

图1-3　跨省调运种禽产地检疫申报需要的材料

第二章 检疫程序

检疫程序是实施动物检疫的流程，包括产地检疫流程、屠宰检疫流程、跨省调运种禽产地检疫流程。官方兽医应当按照规定程序规范开展检疫活动。

第一节 产地检疫流程

产地检疫流程见图2-1。

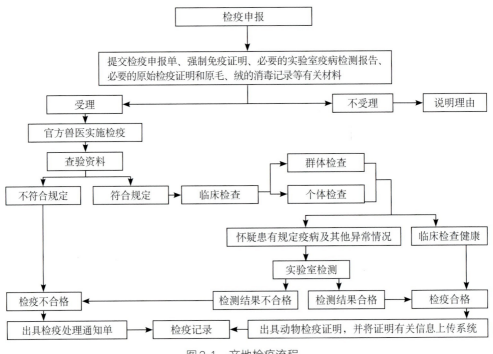

图2-1 产地检疫流程

第二节　屠宰检疫流程

一、宰前检查流程

宰前检查流程见图2-2。

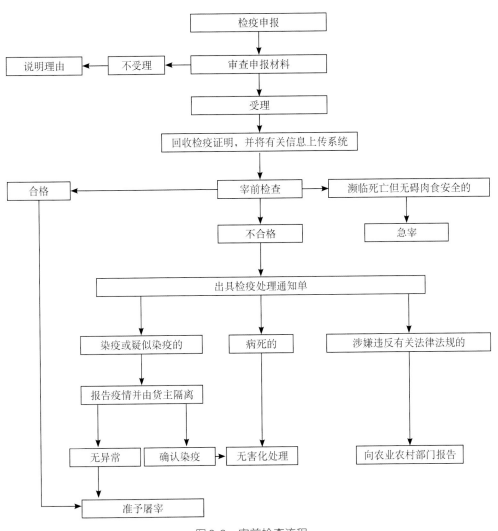

图2-2　宰前检查流程

二、同步检疫流程

同步检疫流程见图2-3。

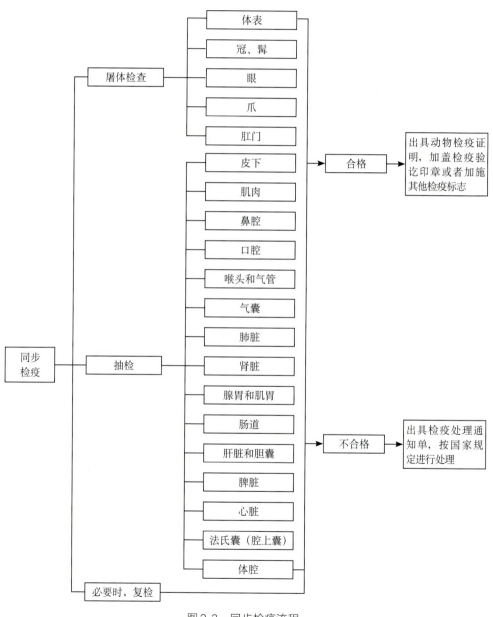

图2-3 同步检疫流程

第三节 跨省调运种禽产地检疫流程

跨省调运种禽产地检疫流程见图2-4。

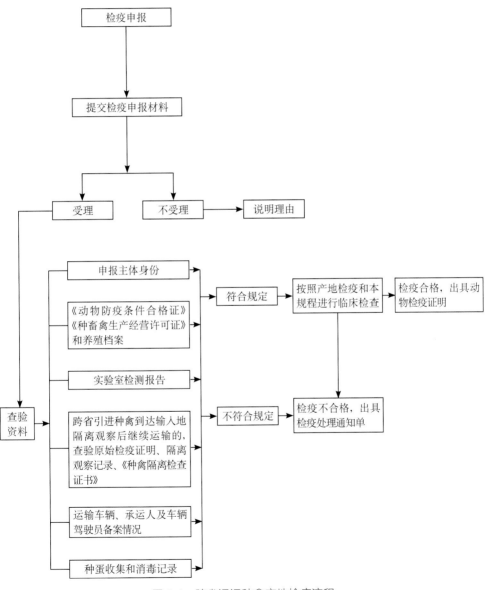

图2-4 跨省调运种禽产地检疫流程

第三章 检疫方法

　　检疫方法主要是查验资料、临床检查、隔离观察和同步检疫、实验室疫病检测等。查验资料是动物卫生监督机构接到检疫申报后，及时对申报材料进行审查。家禽产地检疫、屠宰检疫与跨省调运种禽产地检疫规程查验资料的要求有所不同。临床检查是对离开产地、宰前检查的家禽实施群体检查和个体检查。跨省引进的种禽到达输入地需要继续运输的，要按照规程规定进行隔离观察。同步检疫是指屠宰环节的屠体检查和按照比例的抽样检查。

第一节　查验资料

　　家禽产地检疫、屠宰检疫与跨省调运种禽产地检疫查验资料思维导图分别见图3-1、图3-2、图3-3。

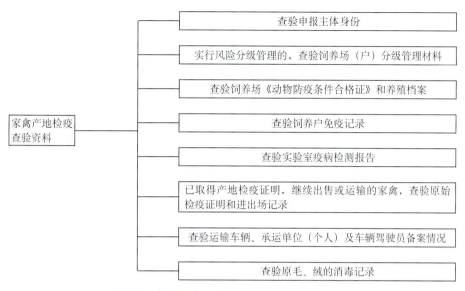

图3-1　家禽产地检疫查验资料思维导图

图3-2　家禽屠宰检疫查验资料思维导图

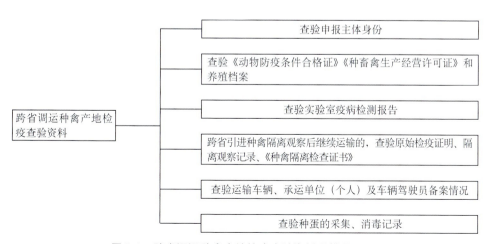

图3-3　跨省调运种禽产地检疫查验资料思维导图

一、查验有关证明

相关证明

（1）查验申报主体身份信息。产地检疫时，对申报人的身份信息进行查验，应与检疫申报单所载身份信息相符。

（2）产地检疫时，申报人为饲养场的，查验《动物防疫条件合格证》（图3-4）载明的单位名称、法定代表人（负责人）、单位地址、经营范围等是否与实际一致，是否存在转让、伪造、变造等情况。

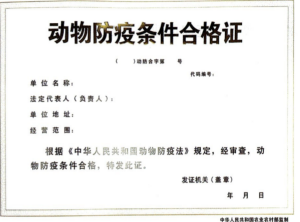

图3-4　动物防疫条件合格证

（3）种禽产地检疫时，还需要查验《种畜禽生产经营许可证》（图3-5），主要查验单位名称、单位地址、法人、生产范围、经营范围是否与实际一致，证件是否在有效期内，是否存在伪造、变造、转让、租借等情况。

图3-5　种畜禽生产经营许可证

（4）对于从专门经营动物的集贸市场继续出售或运输的，或者展示、演出、比赛后需要继续运输的，跨省引进种禽到达输入地隔离观察合格后需要继续运输的或者屠宰的，应查验产地动物检疫证明（图3-6）的真伪，主要查验是否使用符合农业农村部规定的检疫证明，是否可以在"中国兽医网"中"动物检疫合格电子出证平台公众查询服务系统"中查询到，填写内容是否与实际相符，是否有官方兽医签章，是否加盖检疫专用章等。动物检疫证明查询页截图见图3-7。

图3-6　动物检疫证明

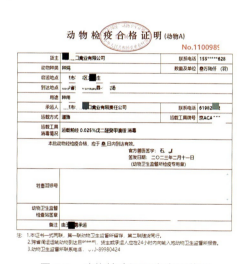

图3-7　动物检疫证明查询页截图

（5）跨省引进种禽到达输入地隔离观察合格后需要继续运输的，还应查验《种禽隔离检查证书》（图3-8）。主要查验隔离日期是否达到30天，相关内容是否齐全，隔离观察情况和实验室检测情况是否符合要求，执业兽医或动物防疫技术人员是否签字，单位是否加盖公章等。

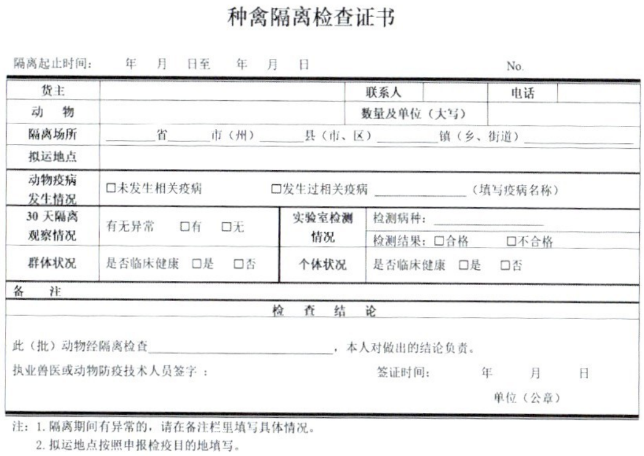

图3-8　种禽隔离检查证书

（6）运输车辆、承运单位和驾驶员备案情况。在产地检疫和跨省调运种禽时，通过"牧运通"系统查验运输车辆、承运单位（个人）和驾驶员是否备案（图3-9、图3-10、图3-11）。

畜 禽 运 输 车 辆 备 案 信 息 表

No.■■■■290■■

车辆号码	鲁■ H23 [黄牌]	电话号码	131*****777
车主		车主类型	个人
车辆品牌名称	江淮格尔发	车辆颜色	红色
车辆型号	江淮牌HFC5181CCYP3K2A5	核定最大运载量（吨）	9.76
运输区域	跨省	总质量（吨）	18.00
备案机关	■■县农业农村局		
备案所在地	■省■市■县		
定位器终端编码	141*****595		
备案日期	二〇二二年四月九日		

图3-9 运输车辆备案查询页截图

图3-10 承运单位（个人）备案查询页截图

图3-11 驾驶员备案查询页截图

二、查验有关记录

1.查验分级管理材料　产地检疫时，对于实施风险分级管理的场户，查阅分级材料，了解饲养场（户）风险等级。

2.查验养殖档案　产地检疫时，主要查看家禽饲养场的生产记录、免疫记录、监测记录、诊疗记录、消毒记录、无害化处理记录等(图3-12)。

养殖档案

（1）生产记录　了解家禽存栏、调入、出栏、死淘情况等。

（2）免疫记录　确认家禽已按规定进行了高致病性禽流感疫苗的强制免疫，并在有效保护期内。不确定免疫保护期的，可以查看疫苗说明书、监测记录或进行抗体检测。

（3）监测记录　了解家禽疫病监测情况。

（4）诊疗记录　主要了解饲养场在6个月内疫病发生状况。

（5）消毒记录　主要查看使用消毒药品的种类、使用剂量和方法，以及场所消毒、车辆消毒记录等是否详细、规范，确保消毒有效。

图3-12　养殖档案

（6）病死畜禽无害化处理记录　主要查看死亡原因、处理方法是否规范。

3.查验防疫档案　产地检疫时，检疫申报为散养户时，查看防疫档案(图3-13)。主要查看散养户的姓名、地址、畜禽种类、数量、免疫日期、疫苗名称、免疫人员等是否与实际相符，通过疫苗接种时间和疫苗种类等，

综合判定家禽是否在免疫有效
保护期内。

4.查验种蛋采集、消毒
等记录　种蛋的产地检疫
除参照规程查验种蛋供体
外，还应查验其采集、消
毒等记录。

图3-13　散养户防疫档案

采集记录至少应包含采集
供体品种、供体系谱、采集时
间、采集地点、采集数量、采
集人员等要素。

消毒记录至少应包含消毒时间、消毒方法、消毒次数、消毒药品、消
毒后保存地点、消毒人员等要素。

5.查验实验室疫病检测报告　按照动物检疫规程或农业农村部出台的
其他有关规定，需要进行实验室检测的，应提供实验室检测报告，查看出
具检测报告的实验室是否符合要求，检测报告出具时间是否符合规定，检
测结果是否合格。

6.查验原毛、绒的消毒记录　主要查看消毒时间、消毒方法、消毒药
品等是否符合要求。

7.审查入场查验登记、待宰巡查记录　屠宰检疫申报环节时，官方兽
医审核货主提交的入场查验登记、待宰巡查等记录，审查各项记录是否符
合规定。

8.查验隔离观察记录　跨省引进种禽到达输入地隔离观察合格后需要
继续运输的，应查验隔离观察记录。隔离观察记录至少应包括检疫证明编
号、畜种、数量、来源地、入场时间、每日观察情况等。

9.查验进出场记录　已经取得产地检疫证明的家禽，从专门经营动物
的集贸市场继续出售或运输的，还需查验货主提供的完整进出场记录。进
出场记录应包括原始检疫证明编号、入场时间、货主、畜种、来源地点、
入场数量和出场数量等信息。

第二节　临床检查

一、群体检查

从静态、动态和食态等三个方面进行检查。主要检查禽群精神状况、呼吸状态、运动状态、饮水采食及排泄物性状等。

1. 静态检查　观察处于安静状态下的禽群，主要观察禽的外观姿态、精神、呼吸状况以及排泄物性状，包括禽群是否精神沉郁、嗜睡，是否羽毛蓬松、缩颈垂翅，肉冠、肉髯是否呈紫红或苍白色，是否呼吸困难、伸颈呼吸，是否嗉囊胀大，是否从口、鼻流出黏液，粪便是否

图3-14　静态检查

呈淡绿色、白色或混有血液等异常现象，如有上述现象应从群中挑出做个体检查（图3-14）。

2. 动态检查　笼养禽不易做运动检查，对舍饲和散养的禽可检查外观和行动姿态。观察禽群如有行走困难、运动失调、离群掉队、跛行、瘫痪、翅下垂等异常现象，应从禽群中挑出做个体检查（图3-15）。

图3-15　动态检查

3. 食态检查　观察禽群自然状态的食欲、食量、采食和饮水姿态。观察禽群如有少食或不食、少饮、不饮或狂饮、吞咽困难、流涎、嗉囊有坚硬或松软感等异常现象，应从禽群中挑出做个体检查（图3-16）。

图3-16　食态检查

二、个体检查

个体检查是对群体检查中挑出的可疑病禽进行全面的检查，即使是群体检查时没有挑出可疑病禽，也应从大群中挑出部分活禽进行个体检查。通过视诊、触诊、听诊等方法检查家禽个体精神状况、体温、呼吸、羽毛、天然孔、冠、髯、爪、排泄物和嗉囊内容物性状等。个体检查是确定活禽个体是否健康的主要方法，也是系统的临床诊断方法。

1.视诊　检查精神外貌、起卧运动姿势、反应以及皮肤、羽毛、呼吸、可视黏膜、眼结膜、天然孔、排泄物等（图3-17）。

2.触诊　触摸皮肤有无肿胀、结节；触摸胸前、腹下、胸肌、腿肌、关节，检查其形状、弹性、硬度、活动性和敏感性；触摸嗉囊内容物性状等（图3-18）。

图3-17　视诊

图3-18　触诊

3.听诊　检查有无咳嗽、打喷嚏、呼吸困难、喘鸣音等异常现象（图3-19、图3-20）。

图3-19　听诊（鸭）

图3-20　听诊（鸡）

4.检查体温、脉搏、呼吸数　检查体温是否在正常范围（40.0～42.0℃）内，脉搏是否在正常范围（120～200次/分钟）内，呼吸数是否在正常范围（15～30次/分钟）内（图3-21）。

图3-21　检测体温（鸡）

第三节　同步检疫

一、屠体检查

1.体表检查　检查体表的色泽、气味、光洁度、完整性及有无水肿、痘疮、化脓、外伤、溃疡、坏死灶、肿物等（图3-22、图3-23）。

主要检疫有无高致病性禽流感、禽痘和马立克病等疫病。

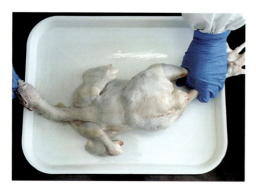 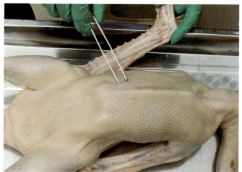

图3-22　体表检查（鸡）　　　　　　　　图3-23　体表检查（鹅）

2.冠和髯检查　检查冠和髯有无出血、水肿、结痂、溃疡及形态有无异常等（图3-24、图3-25）。

主要检疫有无高致病性禽流感、新城疫和禽痘等疫病。

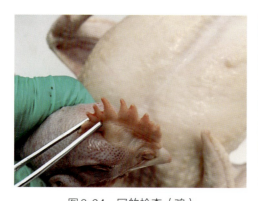 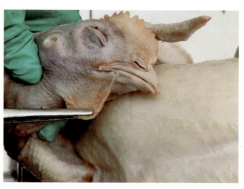

图3-24　冠的检查（鸡）　　　　　　　　图3-25　髯的检查（鸡）

3.**眼部检查**　检查眼睑有无出血、水肿、结痂，眼球是否下陷等（图3-26、图3-27）。

主要检疫有无高致病性禽流感、鸭瘟、禽痘和马立克病等疫病。

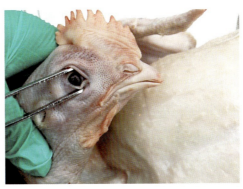

图3-26　眼部检查（鸭）　　　　　　图3-27　眼部检查（鸡）

4.**爪的检查**　检查有无出血、淤血、增生、肿物、溃疡及结痂等（图3-28、图3-29）。

主要检疫有无高致病性禽流感和禽痘等疫病。

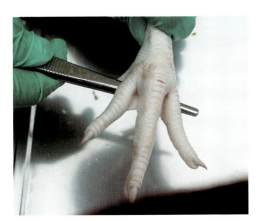
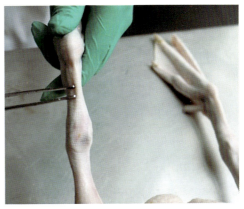

图3-28　爪的检查（鸡）　　　　　　图3-29　爪的检查（鹅）

5.**肛门检查**　检查有无紧缩、淤血、出血等（图3-30）。

主要检疫有无鸭瘟等疫病。

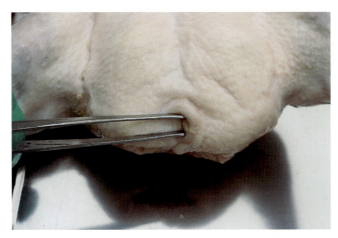

图3-30　肛门检查（鸭）

二、抽　　检

日屠宰量在1万只以上（含1万只）的，按照1%的比例抽样检查；日屠宰量在1万只以下的抽检60只。抽检发现异常情况的，应适当扩大抽检比例和数量。

1. 皮下检查　剖开皮肤，检查有无出血点、炎性渗出物等（图3-31、图3-32）。

主要检疫有无高致病性禽流感和鸭瘟等疫病。

图3-31　皮下检查（鹅）

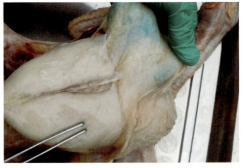

图3-32　皮下检查（鸡）

2.肌肉检查 剖开皮肤，暴露胸肌、腿肌，检查颜色是否正常，有无出血、淤血、结节等（图3-33）。

主要检疫有无高致病性禽流感和马立克病等疫病。

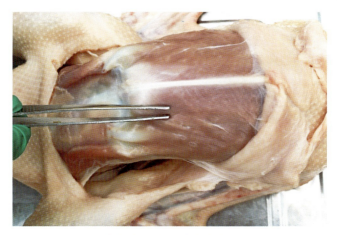

图3-33 肌肉检查（鹅）

3.鼻腔检查 将禽的上喙、下喙分离，从鼻孔处将上喙横断，检查有无淤血、肿胀和异常分泌物等（图3-34、图3-35）。

主要检疫有无新城疫和鸭瘟等疫病。

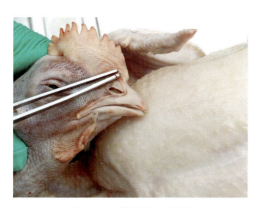

图3-34 鼻腔检查（鸡）　　　　　图3-35 鼻腔检查（鸭）

4.口腔检查 从两侧嘴角将上喙与下喙分开，暴露口腔，检查口腔内有无淤血、出血、溃疡及炎性渗出物等（图3-36、图3-37）。

主要检疫有无新城疫、鸭瘟和禽痘等疫病。

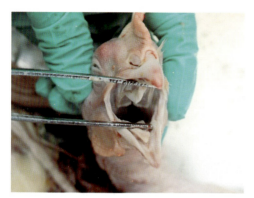

图3-36　口腔检查（鸡）

图3-37　口腔检查（鸭）

5.喉头和气管检查　拽住下喙，撕开颈部皮肤，用剪刀剖开喉头与气管，检查有无水肿、淤血、出血、糜烂、溃疡和异常分泌物等（图3-38）。主要检疫有无高致病性禽流感、新城疫和禽痘等疫病。

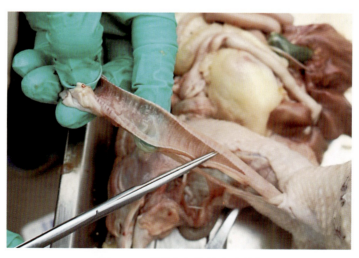

图3-38　喉头和气管检查（鸭）

6.气囊检查　打开腹腔与胸腔，轻轻分离腹腔脏器与两侧腹壁，可见腹气囊，在肺后侧及心脏两侧可见后胸气囊，检查囊壁有无增厚混浊、纤维素性渗出物、结节等（图3-39）。

图3-39　气囊检查（鹅）

7.肺脏检查　检查两侧肺脏有无颜色异常、结节等病变（图3-40）。

主要检疫有无高致病性禽流感、新城疫、小鹅瘟和马立克病等疫病。

8.肾脏检查　打开腹腔后，将腹腔脏器剥离腹腔，肾脏镶嵌于腹腔背侧壁的肾窝内，检查有无肿大、出血、苍白、结节等病变（图3-41）。

主要检疫有无高致病性禽流感、新城疫和马立克病等疫病。

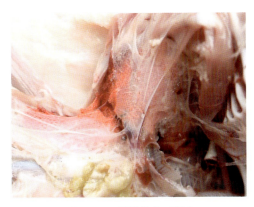

图3-40　肺脏检查（鹅）

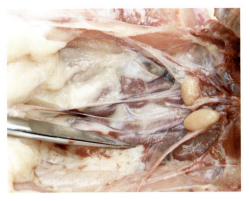

图3-41　肾脏检查（鸡）

9. **腺胃和肌胃检查** 剖开腺胃，检查腺胃黏膜和乳头有无肿大、淤血、出血、坏死灶和溃疡等；切开肌胃，剥离角质膜，检查肌层内表面有无出血、溃疡等（图3-42、图3-43）。

主要检疫有无高致病性禽流感、新城疫、鸭瘟和马立克病等疫病。

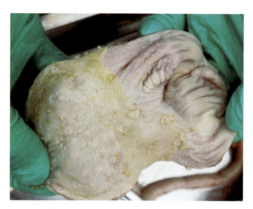 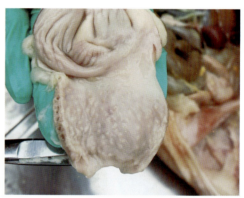

图3-42 腺胃和肌胃检查（鸡）　　　　　　图3-43 腺胃和肌胃检查（鸭）

10. **肠道检查** 剖开肠道，检查小肠黏膜有无淤血、出血等，检查盲肠黏膜有无枣核状坏死灶、溃疡等（图3-44、图3-45）。

主要检疫有无高致病性禽流感、新城疫、鸭瘟、马立克病和鸡球虫病等疫病。

图3-44 肠道检查（鸡）

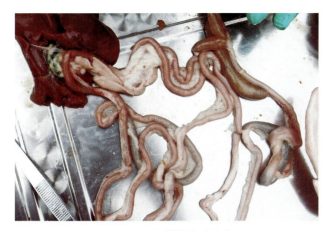

图 3-45 肠道检查（鸭）

11.肝脏和胆囊检查 检查肝脏形状、大小、色泽及有无出血、坏死灶、结节、肿物等；胆囊有无肿大等（图3-46、图3-47）。

主要检疫有无高致病性禽流感、鸭瘟和马立克病等疫病。

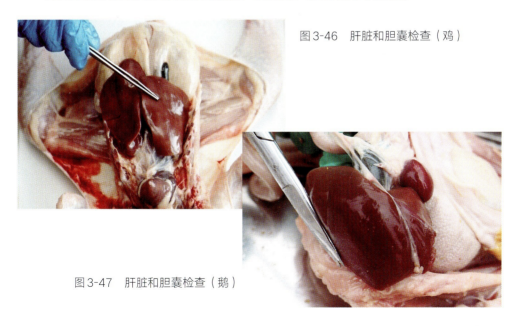

图 3-46 肝脏和胆囊检查（鸡）

图 3-47 肝脏和胆囊检查（鹅）

12.脾脏检查 检查脾脏形状、大小、色泽及有无出血和坏死灶、灰白色或灰黄色结节等（图3-48、图3-49）。

主要检疫有无高致病性禽流感、鸭瘟和马立克病等疫病。

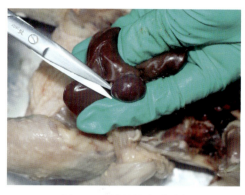

图 3-48　脾脏检查（鸡）

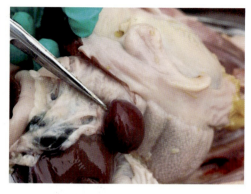

图 3-49　脾脏检查（鹅）

13.心脏检查　检查心包和心外膜有无炎症变化等，心冠状沟脂肪、心外膜有无出血点、坏死灶、结节等（图3-50、图3-51）。

主要检疫有无高致病性禽流感、新城疫和马立克病等疫病。

图 3-50　心脏检查（鸡）

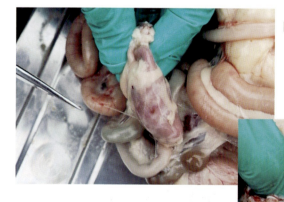

图 3-51　心脏检查（鹅）

14.法氏囊（腔上囊）检查　将肠道翻出到腹腔外，并向尾部方向拉拽直肠，使位于泄殖腔背侧的法氏囊凸出。检查浆膜面有无水肿、出血、结节，剖开观察腔内有无出血、干酪样渗出等变化（图3-52）。

主要检疫有无高致病性禽流感、鸭瘟和马立克病等疫病。

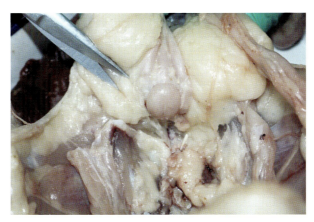

图 3-52　法氏囊检查（鸡）

15.体腔检查　各脏器检查结束后，清空体腔，检查内部清洁程度和完整度，有无赘生物、寄生虫等。检查体腔内壁有无凝血块、粪便、胆汁污染和其他异常等（图3-53、图3-54）。

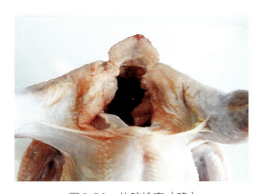

图 3-53　体腔检查（鸡）

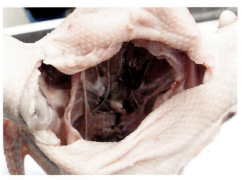

图 3-54　体腔检查（鹅）

三、复　　检

　　官方兽医在同步检疫各环节结束后，应对检疫过程进行回顾性检查，确认各环节操作步骤是否正确实施，是否发现异常情况。必要时，官方兽医对已屠宰家禽的屠体和应检部位进行复检，根据复检情况综合判定结果。

第四节　检疫结果处理

一、检疫合格

1.家禽产地检疫　检疫合格的，且运输车辆、承运单位（个人）及车辆驾驶员备案符合要求的，出具动物检疫证明；运输车辆、承运单位（个人）及车辆驾驶员备案不符合要求的，及时向农业农村部门报告，由农业农村部门责令改正的，方可出具动物检疫证明。官方兽医应当及时将动物检疫证明有关信息上传至动物检疫管理信息化系统。

2.家禽屠宰检疫　宰前检查合格的，准予屠宰；屠宰同步检疫合格的，按照检疫申报批次，对家禽的胴体及原毛、绒、脏器、血液、爪、头出具动物检疫证明，加盖检疫验讫印章或者加施其他检疫标志。

3.跨省调运种禽产地检疫　检疫合格的，参照《家禽产地检疫规程》做好检疫结果处理。

4.原毛、绒产地检疫　检疫合格的，出具动物检疫证明，按规定加施检疫标志。及时将动物检疫证明有关信息上传至动物检疫管理信息化系统。

二、检疫不合格

凡是检疫不合格的，出具检疫处理通知单（图3-55），并根据不同情况进行处理。

1.家禽产地检疫　对申报材料进行审查时，发现申报主体信息与检疫申报单不符、风险分级管理不符合规定等情形的，货主按规定补正后，方可重新申报检疫。

发现申报检疫的家禽未进行强制免疫或强制免疫不在有效期内的，应及时向农业农村部门报告，货主须按照规定进行强制免疫并在免疫保护期内，方可重新申报检疫。

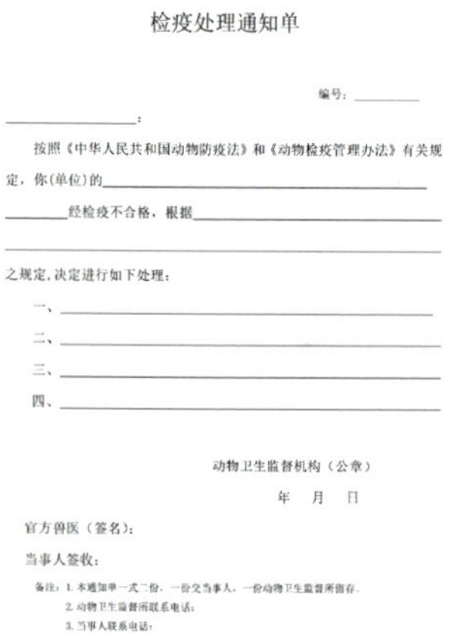
检疫处理通知单

编号：________

________：

按照《中华人民共和国动物防疫法》和《动物检疫管理办法》有关规定，你(单位)的________________________________
________经检疫不合格，根据________________________
____
之规定，决定进行如下处理：

一、________________________________
二、________________________________
三、________________________________
四、________________________________

动物卫生监督机构（公章）

年　月　日

官方兽医（签名）：

当事人签收：

备注：1.本通知单一式二份，一份交当事人，一份动物卫生监督所留存。
2.动物卫生监督所联系电话：
3.当事人联系电话：

图3-55　检疫处理通知单

发现患有规程规定的动物疫病，应向农业农村部门或者动物疫病预防控制机构报告，并按照相应疫病防治技术规范规定处理。

发现患有规程规定检疫对象以外动物疫病，影响动物健康的，应向农业农村部门或者动物疫病预防控制机构报告，并按规定采取相应防控措施。

发现死因不明或怀疑为重大动物疫情的，应按照《中华人民共和国动物防疫法》《重大动物疫情应急条例》和《农业农村部关于做好动物疫情报告等有关工作的通知》（农医发〔2018〕22 号）的规定处理。

发现病死动物的，应按照《病死畜禽和病害畜禽产品无害化处理管理办法》的规定处理。

发现货主提供虚假申报材料、养殖档案不符合规定等涉嫌违反有关法律法规的，及时向农业农村部门报告，由农业农村部门按规定处理。

2.家禽屠宰检疫 宰前检查发现染疫或者疑似染疫的，应向农业农村部门或者动物疫病预防控制机构报告，并由货主采取隔离等控制措施。

宰前检查发现病死家禽的，应按照《病死畜禽和病害畜禽产品无害化处理管理办法》等规定处理。

宰前检查环节，现场核查待宰家禽信息与申报材料或入场时附有的动物检疫证明不符，涉嫌违反有关法律法规的，应向农业农村部门报告。

同步检疫怀疑患有动物疫病的，应向农业农村部门或者动物疫病预防控制机构报告，并由货主采取隔离等控制措施。

3.跨省调运种禽产地检疫 检疫不合格的，参照家禽产地检疫不合格处理措施。

4.原毛、绒产地检疫 发现申报主体信息与检疫申报单不符的，货主按规定补正后，方可重新申报检疫。

发现供体动物未按照规定进行强制免疫或强制免疫时限不在有效保护期的，应及时向农业农村部门报告，同时要求货主按规定对动物产品再次消毒后，方可重新申报检疫。

发现供体动物染疫、疑似染疫应向农业农村部门或者动物疫病预防控制机构报告，并按规定处理；发现供体动物死亡的，按照《病死畜禽和病害畜禽产品无害化处理管理办法》的规定处理。

发现原毛、绒未按照规定消毒的，货主按规定对动物产品消毒后，方可重新申报检疫。

发现货主提供虚假申报材料、养殖档案不符合规定等涉嫌违反有关法律法规的，应当及时向农业农村部门报告，由农业农村部门按照规定处理。

第四章 检疫对象及其主要特征

按照动物检疫工作实际，本章对家禽的三个检疫规程所涉及的9种检疫对象从临床症状和病理变化进行介绍，其中产地检疫有7种，屠宰检疫有6种，种禽产地检疫有8种。

第一节 检疫对象

《家禽产地检疫规程》的检疫对象包括高致病性禽流感、新城疫、马立克病、禽痘、鸭瘟、小鹅瘟、鸡球虫病7种疫病，见表4-1。

《家禽屠宰检疫规程》的检疫对象包括高致病性禽流感、新城疫、鸭瘟、禽痘、马立克病、鸡球虫病6种疫病，见表4-1。

《跨省调运种禽产地检疫规程》的检疫对象包括高致病性禽流感、新城疫、马立克病、禽痘、鸭瘟、小鹅瘟、禽白血病、禽网状内皮组织增殖病8种疫病，见表4-1。

表4-1 家禽检疫规程的检疫对象

检疫对象	《家禽产地检疫规程》	《家禽屠宰检疫规程》	《跨省调运种禽产地检疫规程》
高致病性禽流感	✓	✓	✓
新城疫	✓	✓	✓
马立克病	✓	✓	✓
禽痘	✓	✓	✓
鸭瘟	✓	✓	✓

（续）

检疫对象	《家禽产地检疫规程》	《家禽屠宰检疫规程》	《跨省调运种禽产地检疫规程》
小鹅瘟	✓		✓
鸡球虫病	✓	✓	
禽白血病			✓
禽网状内皮组织增殖病			✓

第二节　检疫对象主要特征

一、高致病性禽流感

高致病性禽流感是由A型流感病毒引起家禽和野生禽类的一种急性接触性传染病，人也可被传染。该病传播速度快，发病率高，发病后的5～7天内死亡率几乎达到100%。主要特征为呼吸困难、产蛋量下降，全身器官浆膜出血，致死率极高。

【临床症状】　最急性的病禽可在感染后10多个小时内死亡；急性型可见全群禽精神沉郁，采食量下降，饮水减少，从第2～3天起，死亡数量明显增多（图4-1）；少数病程较长或耐过未死的病鸡出现转圈、前冲、后退、颈部扭曲或仰头望天等神经症状。

图4-1　鸡群精神沉郁，有神经症状

患病鸡头部肿胀，冠和肉髯发黑，眼分泌物增多，眼结膜潮红、水肿，羽毛蓬松，腹泻，粪便黄绿色并有多量的黏液或血液；呼吸困难，张口呼吸，歪头；产蛋率急剧下降或几乎完全停止，蛋壳变薄、褪色，无壳蛋、畸形蛋增多，受精率和孵化率明显下降；鸡腿鳞片呈紫红色或紫黑色（图4-2）。鹅和鸭感染高致病性禽流感后，主要表现为肿头，眼分泌物增多（图4-3），分泌物呈血水样，腹泻；产蛋率下降，孵化率下降；有神经症状，头颈扭曲，啄食不准，后期眼角膜混浊。雉鸡、珍珠鸡、鹌鹑、鹧鸪等禽类感染高致病性禽流感后的临床症状与鸡的相似。

图4-2　跗关节胫部鳞片下出血

图4-3　病鸭精神沉郁、肿头

【病理变化】

（1）心冠脂肪出血（图4-4），心内膜出血（图4-5），心肌坏死（图4-6）。

（2）腺胃乳头、腺胃与肌胃交界处、腺胃与食管交界处、肌胃角质膜下、十二指肠黏膜出血（图4-7）。

（3）喉头、气管黏膜充血、出血（图4-8）。

（4）输卵管炎症，可见乳白色分泌物或凝块（图4-9）。

图4-4　心冠脂肪出血

（引自李新正，2011）

图4-5　心内膜条状、斑状出血

（引自王永坤等，2015）

图4-6　心肌有白色坏死条纹

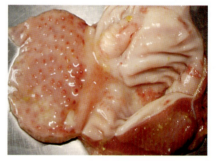

图4-7　腺胃乳头出血、角质层下出血

（引自李新正，2011）

图4-8　喉头、气管出血、分泌物增多

图4-9　输卵管内有乳白色脓性分泌物

（引自李新正，2011）

二、新城疫

新城疫又称亚洲鸡瘟，俗称鸡瘟，是由禽副黏病毒引起禽的一种急性、热性、败血性和高度接触性传染病。鸡各种品种、日龄、季节均易感，常见非典型新城疫病理变化。

【临床症状】 主要特征为发病急，以高热、呼吸困难、腹泻、神经紊乱为临床症状。

（1）最急性型 多见于新城疫的暴发初期，鸡群无明显异常而突然出现急性死亡病例。

（2）急性型 在突然死亡病例出现后几天，鸡群内病鸡明显增加。病鸡眼半闭或全闭，呈昏睡状；废食，饮水增加，但随着病情加重而废饮；嗉囊内充满硬结未消化的饲料或充满酸臭的液体；呼吸困难，有啰音，张口伸颈，同时发出怪叫声（图4-10）；腹泻，粪便呈黄绿色，混有多量黏液，有时混有血液；产蛋鸡产蛋量下降或完全停止，畸形蛋增多，种蛋受精率和孵化率明显下降；鸡群发病率和死亡率均可接近100%。

（3）慢性型 在经过急性期后仍存活的鸡，陆续出现神经症状，盲目前冲、后退、转圈，啄食不准确，头颈后仰望天或扭曲在背上方等。

图4-10 精神沉郁、缩颈闭眼、呼吸困难，粪便呈黄绿色

【病理变化】

（1）腺胃乳头肿大出血，腺胃与肌胃交界处、腺胃与食管交界处出血或溃疡，肌胃角质层下出血；胆汁反流进入腺胃与肌胃（图4-11）。

（2）十二指肠腺体(淋巴滤泡)，回肠淋巴滤泡，盲肠扁桃体肿大、出血，严重时形成枣核样坏死（图4-12、图4-13）。

（3）喉、气管黏膜充血、出血（图4-14）。

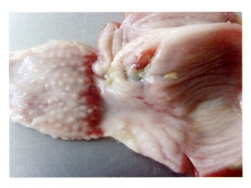

图4-11　腺胃乳头出血、腺肌胃界处出血、肌胃角质层下出血

图4-12　肠淋巴滤泡枣核状肿胀、出血（1）

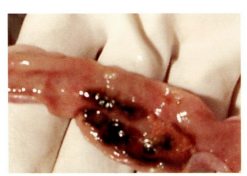

图4-13　肠淋巴滤泡枣核状肿胀、出血（2）

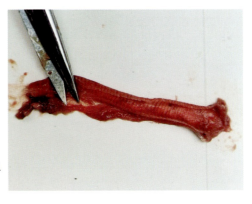

图4-14　气管出血

三、马立克病

鸡马立克病是由疱疹病毒引起鸡的一种以淋巴组织增生为特征的恶性肿瘤性疾病。主要特征是外周神经、性腺、虹膜、各内脏器官、肌肉以及皮肤发生淋巴样细胞浸润和肿大，具有很高的致死率。

【临床症状】

（1）神经型 早期症状可见到病鸡一侧或两侧的腿瘫，严重时瘫痪在地。也可见到一腿向前伸，另一侧腿向后伸的"劈叉"姿势（图4-15）。翅膀松弛无力，严重时翅膀下垂到地面。病鸡的嗉囊松弛下垂到颈下部，用手挤压嗉囊可从口中流出未消化的黏稠饲料。

（2）眼型 病鸡一侧或两侧眼球的瞳孔边缘不整，瞳孔的虹膜逐渐缩小，严重时，眼球如"鱼眼"或"珍珠眼"，病鸡多失明（图4-16）。

（3）皮肤型 在病鸡的颈部、大腿外侧、翅膀及背部见毛囊肿胀，出现小米粒到蚕豆大小的瘤状物，切开后质变韧，切面淡黄色，瘤状物破溃后皮肤及羽毛常沾有血污。

（4）内脏型 发病鸡呆钝，精神萎靡，被毛散乱，头部羽毛蓬松，晚期病鸡走路迟缓，常缩颈蹲在墙角下或食槽附近。

图4-15 患病鸡呈劈叉姿势
（引自李新正，2011）

图4-16 瞳孔呈锯齿状
（引自李新正，2011）

【病理变化】

（1）神经型 病理变化部位在外周神经，常发生于坐骨神经丛，偶发生于臂神经丛和迷走神经，受侵害的神经呈灰白色或黄白色水肿，有出血点，横纹消失，神经纤维上有大小不等的结节，导致神经粗细不均，有时见弥漫性增粗2～3倍。

（2）眼型　病鸡主要表现为一眼或双眼的虹膜受侵害，正常虹膜被灰白色淋巴浸润，故有"灰眼症"之称；瞳孔边缘不整齐，呈锯齿状，整个瞳孔最后缩小到针尖大小，视力减退或失明。

（3）皮肤型　病鸡翅膀、颈部、大腿、背部和尾部皮肤的毛囊肿大融合，皮肤变厚，形成米粒至蚕豆粒大小的结节及瘤状物，甚至坏死，破溃流血。切开时质韧，切面呈淡黄色。

（4）内脏型　内脏各器官有广泛性肿瘤病灶，最常受害的是卵巢、肝脏、脾脏、肾脏、心、肺、胰脏、腺胃、肠道（图4-17至图4-20），这些组织中可见大小不等、形状不一的单个或多个灰白色或黄白色肿瘤结节，质地坚实而致密，有时肿瘤呈弥漫性，使整个器官变得很大，法氏囊萎缩，而不形成肿瘤。

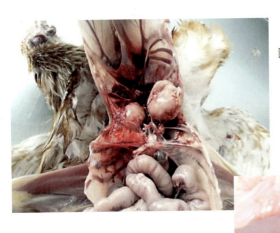

图4-17　肺部肿瘤

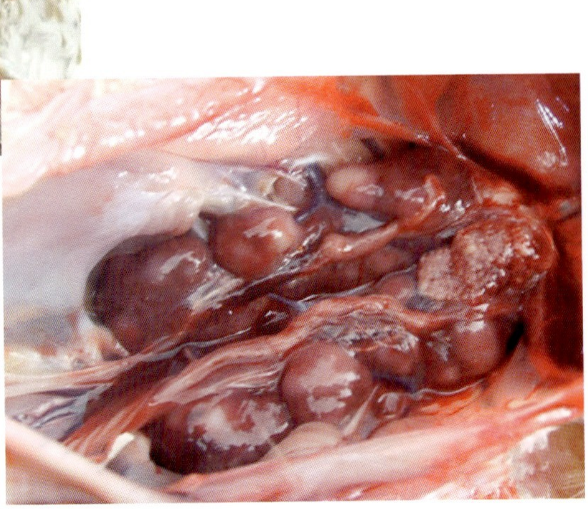

图4-18　肾脏弥漫性肿大，有黄白色结节状肿瘤

图4-19　肝脏结节状肿瘤

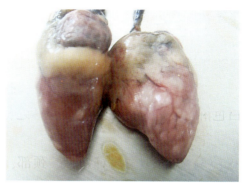

图4-20　心脏肿瘤

四、禽　　痘

禽痘是由禽痘病毒引起家禽感染的一种急性、接触性传染病。

【临床症状】

（1）皮肤型　在鸡的无毛或少毛处，特别是在鸡冠、肉髯、眼睑和喙角以及泄殖腔周围、翼下、腹部和腿等处，出现灰白色的小结节、红色的小丘疹，黄色或灰黄色绿豆大的痘疹。由于痘疹相互融合形成干燥、粗糙、呈棕褐色的疣状结节，突出于皮肤表面（图4-21、图4-22）。可发展成坏死性痘痂，因痂皮脱落形成瘢痕。

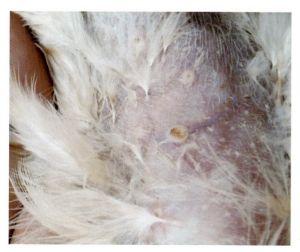

图4-21　皮肤无毛区有痘疹结节

图4-22　鸡冠、肉髯等无毛处的痘疹结节

（2）黏膜型　又称白喉型。主要在鸡的口腔、咽喉和气管等黏膜表面形成一种黄白色的小结节，稍突起于黏膜表面，并融合形成一层黄白色干酪样的假膜，覆盖在黏膜上面。病鸡呼吸和吞咽障碍，表现出张口呼吸，发出"嘎嘎"的声音。多发生于雏鸡和青年鸡，死亡率高，严重时可达50%。

（3）混合型　表现为皮肤和黏膜同时发生，病情严重，死亡率高。

【病理变化】

（1）皮肤型　肉髯和其他无羽毛部位发生大小不等的疣状块，皮肤组织增生性病变。

（2）黏膜型　口腔、食管、喉或气管黏膜出现白色结节或黄色白喉膜病变（图4-23、图4-24）。

图4-23　喉头气管有痘疹与假膜

图4-24　口腔及喉头形成痘斑引起喉头堵塞

（引自李新正，2011）

五、鸭 瘟

鸭瘟又称鸭病毒性肠炎，是引起鸭、鹅和其他雁形目禽类发病的一种急性败血病，本病流行广、传播快，发病率和死亡率高，是危害养鸭业最为严重的一种疫病，病原是疱疹病毒科的鸭瘟病毒。临床症状的特点是肿头流泪、两脚发软，拉绿色稀粪。本病一年四季都可发生，但以春、秋季为甚。鸭瘟可通过病禽与易感禽的接触而直接传染，也可通过与污染环境的接触而间接传染。

【临床症状】

（1）鸭感染鸭瘟 俗称"大头瘟"。病鸭体温升高，精神沉郁，不愿下水，离群独处；饮欲增加，而食欲减退；两腿麻痹无力，伏坐于地，行动困难；部分病鸭头部肿大（图4-25）或下颌水肿，触之有波动感；眼有稀薄分泌物(早期)或脓性分泌物(后期)，常造成眼睑粘连；眼结膜充血、水肿，甚至形成小溃疡；鼻流出稀薄或黏稠的分泌物，呼吸困难，叫声嘶哑，部分病鸭有咳嗽；倒提病鸭时从口腔流出污褐色液体；腹泻，排出灰白色或绿色稀粪，有腥臭味，泄殖腔周围的羽毛被沾染；疾病后期体温下降，精神衰竭，不久死亡。

（2）鹅感染鸭瘟 表现为鹅羽毛松乱；脚软，不愿行走；食欲减少甚至废绝，而饮水增多；体温升高；流泪，眼结膜充血、出血；肛门水肿，排出淡绿色或黄白色黏液状稀粪；有些患病公鹅的生殖器突出；倒提从病鹅口中可流出绿色污臭液体。

【病理变化】

（1）鸭感染鸭瘟 病鸭皮下和浆膜下胶冻样浸润（图4-26）；口腔、食

图4-25 患病鸭头部肿大

管与泄殖腔黏膜有粗糙条纹状纵向排列的黄色假膜，假膜剥离后有出血或溃疡瘢痕（图4-27）；腺胃和肌胃黏膜多数有充血或出血（图4-28）；小肠内外表面可见有4个环状出血带（图4-29），小肠内散在大小不等的黄色病灶，后期转为深棕色，与黏膜分界明显；泄殖腔黏膜充血、出血、水肿及坏死，坏死处呈灰绿色，夹有较坚硬的物质，剪切时发出"沙沙"的声音，95%以上病例有这种病变；多数病例肝脏壁面上缘分布着大小不一的、不规则的灰白色或灰黄色坏死点（图4-30），有时坏死点中间有小点状出血，或其外围呈环状出血。

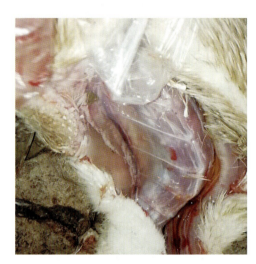

图4-26 皮下胶冻样浸润

图4-27 口腔、食管出血或溃疡瘢痕

图4-28 食管膨大部与腺胃交界处有出血带

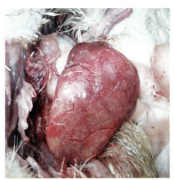

图4-29　肠道有环状出血

图4-30　肝脏壁面上缘分布着大小不一的不规则的灰白色或灰黄色坏死点

（2）鹅感染鸭瘟　病鹅皮下和浆膜下胶冻样浸润，有出血点；口腔和食管有不同程度的假膜性坏死或出血点。肌胃角质膜下有坏死灶和出血斑。肠道充血、出血和坏死。其中十二指肠及小肠段可见较严重的弥散性充血、出血或急性炎症，小肠集合淋巴滤泡肿胀或形成纽扣样的绿色或灰黄色假膜性坏死灶。盲肠内较多的绿色、污黄色或暗灰色假膜性坏死灶，从小砂粒大小到蚕豆大小，呈不整齐的圆形或椭圆形。泄殖腔出血、坏死和水肿。肝脏病变较为典型，其表面也有大小不一的出血点和坏死灶，有时坏死灶中心有小出血点，或者坏死灶的周围有出血环（图4-31）。

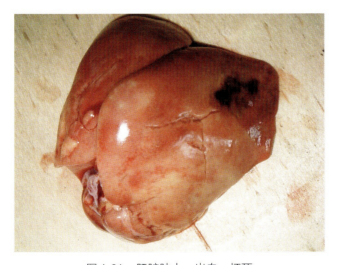

图4-31　肝脏肿大、出血、坏死

六、小鹅瘟

小鹅瘟是由细小病毒引起雏鹅和雏番鸭的一种急性、亚急性、高度接触性传染病。

【临床症状】 病鹅精神沉郁，食欲减少或废绝、倒地两脚划动，迅速死亡；严重腹泻，呼吸困难，死亡率高，后期出现角弓反张等神经症状。

（1）最急性型 多见于1周龄雏鹅或雏番鸭，突然发病死亡，发病率能达到100%，死亡率可达95%以上。有的病雏鹅精神沉郁，数小时后倒地，两腿划动并迅速死亡。死亡雏鹅喙端、爪尖发绀（图4-32）。

图4-32 病鹅仰卧两腿呈划船姿势

（引自李新正，2011）

（2）急性型 多见于1～2周龄内的雏鹅，表现为精神委顿，不愿活动；食欲减退或废绝，渴欲增强；严重腹泻，排灰白色或青绿色稀粪，粪中带有纤维碎片或未消化的饲料等，头触地，两腿麻痹或抽搐死亡。

（3）亚急性型 常见于流行后期或低母源抗体的雏鹅（2周龄以上）。以精神沉郁、腹泻和消瘦为主要症状。少数耐过鹅出现生长发育不良。有些病鹅也可自然康复。

【病理变化】　主要特征是肠管黏膜形成纤维素性肠炎，在小肠中后段肠腔内形成"腊肠状"的栓子，阻塞肠腔。

（1）最急性型　发病雏鹅病变不明显，只见小肠前段黏膜肿胀、充血和出血，在黏膜表面覆盖着大量浓厚淡黄色黏液（图4-33），呈现急性卡他性出血性炎症。

（2）急性型　发病雏鹅肠管出现较为明显和典型的病理变化。肠管扩张，肠腔内含有污绿色稀薄液体，并混有黄绿色食物碎屑，但黏膜无可见病变。患鹅肠管出现典型的病变，小肠的中、下段比正常肠管增大2～3倍，质地坚实，形如腊肠（图4-34）。

（3）亚急性型　发病雏鹅肠管栓子病变更加典型（图4-35）。

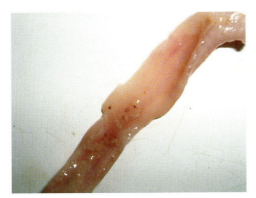

图4-33　肠黏膜脱落、有纤维素性渗出

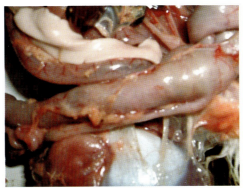

图4-34　回盲部形成"腊肠状"栓子

图4-35　脱落的肠黏膜与纤维素性渗出物包裹在肠内
　　　　容物表面形成栓子

七、鸡球虫病

鸡球虫病是由多种艾美耳球虫寄生于鸡的肠上皮细胞引起感染的一种原虫病。

【临床症状】

（1）急性型　病鸡精神沉郁，头蜷缩，羽毛蓬松（图4-36），食欲减退；鸡冠和可视黏膜贫血、苍白，逐渐消瘦；病鸡常排红色胡萝卜样粪便，若感染柔嫩艾美耳球虫，开始时粪便为咖啡色，后变为完全的血粪（图4-37），病死率可达50%以上。

图4-36　精神沉郁，羽毛蓬松

图4-37　排血便

（2）慢性型　主要是由致病力中等的巨型艾美耳球虫和堆型艾美耳球虫感染所引起，临床症状不明显，但病程长。病鸡消瘦，足和翅常发生轻瘫，间歇性腹泻。最终导致料肉比升高，皮肤着色变差，鸡群均匀度差和产蛋量减少。

【病理变化】　柔嫩艾美耳球虫主要侵害盲肠，盲肠显著肿大，可为正常的3～5倍，肠腔中充满凝固的或新鲜的暗红色血液（图4-38），盲肠上皮变厚，有严重的糜烂。毒害艾美耳球虫损害小肠

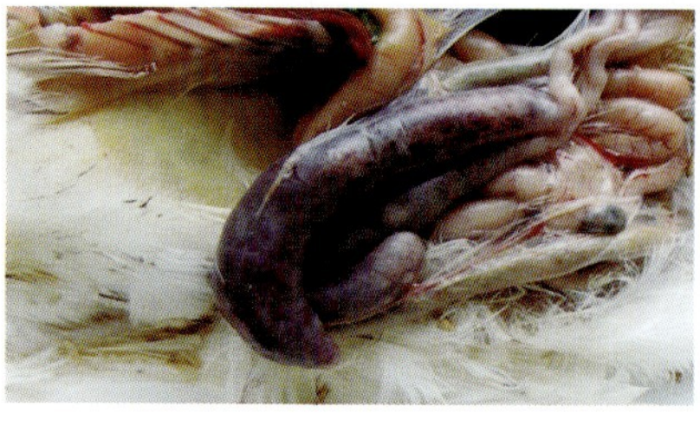

图4-38　盲肠肿胀出血

中段，使肠壁扩张、增厚，有严重的坏死，裂殖体繁殖的部位有明显的淡白色斑点，黏膜上有许多小出血点，肠管中有凝固的血液或有西红柿样内容物（图4-39）。巨型艾美耳球虫损害小肠中段，可使肠管扩张、肠壁增厚，内容物黏稠，呈淡灰色、淡褐色或淡红色。堆型艾美耳球虫可导致被损害的肠段有横纹状白斑（图4-40）。哈氏艾美耳球虫损害小肠前段，肠壁上出现针头大小的出血点，黏膜有严重的出血。

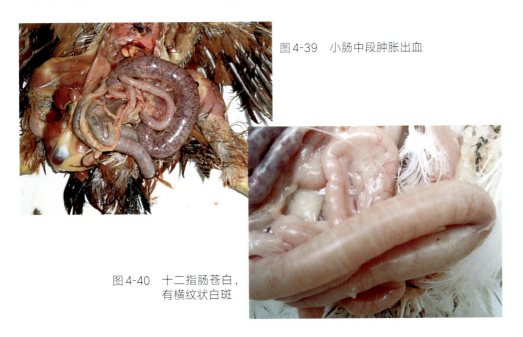

图 4-39　小肠中段肿胀出血

图 4-40　十二指肠苍白，有横纹状白斑

八、禽白血病

禽白血病是由白血病/肉瘤病毒群中的病毒引起禽类多种肿瘤性疾病的总称，临床上有多种表现形式，包括淋巴细胞白血病、成髓细胞白血病、骨髓细胞瘤、结缔组织瘤、骨细胞瘤、血管瘤、骨硬化病等，其中以淋巴细胞白血病最为常见。

【临床症状】　病鸡精神委顿，全身衰弱，呈进行性消瘦和贫血；鸡冠、肉髯苍白、萎缩，偶见发绀（图4-41、图4-42）；病鸡食欲减少或废绝，腹泻、产蛋停止、体瘦腹大，用手触诊可按压到肿大的肝脏，用手指通过泄殖腔可触摸到肿大的法氏囊，最后衰竭而亡。

图4-41　病鸡精神不振、羽毛蓬松

（引自李新正，2011）

图4-42　鸡冠苍白贫血

（引自李新正，2011）

【病理变化】　内脏多种器官（包括肝、脾、肾、法氏囊、性腺等）形成弥漫性或结节性肿瘤病灶，尤其是肝脏、脾脏、肾脏和法氏囊的肿瘤较为常见。肿瘤呈灰白色到淡黄色，大小不一，切面均匀一致，很少有坏死灶（图4-43、图4-44）。

图4-43　肝脏肿瘤

图4-44　胸部肌肉肿瘤

九、禽网状内皮组织增殖病

禽网状内皮组织增殖病的病原是网状内皮组织增殖病病毒群，可引起鸭、火鸡、鸡和野禽表现不同的症状，包括急性网状细胞肿瘤形成、矮小综合征、淋巴组织与其他组织的慢性肿瘤形成。

【临床症状】　早期感染的雏鸡，多在3周后出现贫血，鸡的发育迟缓，主翼羽毛发育不良，羽干的中间部位无羽毛生长是本病重要特征（图4-45）；发病鸡群普遍生长缓慢，常见这些雏鸡的背部及翅膀的羽毛逆立及有脱毛现象。部分患病鸡出现白内障造成失明。

【病理变化】　主要表现为肝、脾、肾、腺胃肿大，在胰腺、性腺、心、肠也常见到类似的变化（图4-46）。这些病变多在80～120日龄时出现，坐骨神经及坐骨神经丛肿大，最早的神经病变可在感染后4～5周时出现（图4-47）。

图4-45　羽毛异常，羽干的中间部分无羽生长

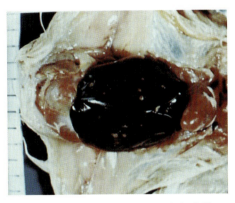

图4-46　肝肿大，有点状灰白色病灶

图4-47　坐骨神经丛肿大

第五章　实验室检测

经检疫怀疑患有检疫规程中规定动物疫病的家禽以及跨省调运的种禽，均需进行规定动物疫病的实验室检测，前者可参照相应动物疫病防治技术规范实施。本章重点对跨省调运种禽5种动物疫病的实验室检测进行解读。

一、家禽检测

（1）产地检疫时，实验室检测抽检比例要不低于5%；原则上不少于5只，调运数量不足5只的须全部检测。

（2）本省内调运的种禽可以参照《跨省调运种禽产地检疫规程》，对高致病性禽流感、新城疫、鸭瘟、小鹅瘟和禽白血病进行实验室检测，并提供检测报告（图5-1）。

图5-1　检测报告

二、跨省调运种禽检测对象

按照《跨省调运种禽产地检疫规程》规定，实验室检测的疫病如下：

（1）种鸡　高致病性禽流感、新城疫、禽白血病。

（2）种鸭、种番鸭　高致病性禽流感、鸭瘟。

（3）种鹅　高致病性禽流感、小鹅瘟。

（4）种蛋　检测其供体动物相关动物疫病。

对于通过农业农村部评审公布的动物疫病无疫小区、国家级动物疫病净化场，且在有效维持期内的，无需开展相应疫病的检测。

三、检测方法

（1）高致病性禽流感实验室检测主要通过病原学检测和抗体检测两种方法判定。其中，病原学检测时限为调运前3个月内，根据《高致病性禽流感防治技术规范》《高致病性禽流感诊断技术》（GB/T 18936）检测抗原，病毒核酸检测阴性为合格，此项检测数量要求按30份/供体栋舍抽检。同时，抗体检测时限为调运前1个月内，根据《高致病性禽流感防治技术规范》《高致病性禽流感诊断技术》（GB/T 18936）检测抗体，根据《农业农村部关于印发〈国家动物疫病强制免疫指导意见（2022—2025年）〉》要求，免疫抗体合格率70%以上为合格。此项检测数量要求按总数的0.5%（不少于30份）抽检。见表5-1。

（2）新城疫实验室检测主要通过抗体检测判定。抗体检测时限为调运前1个月内，根据《新城疫防治技术规范》《新城疫诊断技术》（GB/T 16550）等进行抗体检测，免疫抗体合格率70%以上为合格。此项检测数量要求按总数的0.5%（不少于30份）抽检。见表5-1。

（3）禽白血病实验室检测主要通过病原学检测和抗体检测方法判定，其中病原学检测时限为调运前3个月内，根据《J-亚群禽白血病防治技术规范》《禽白血病诊断技术》（GB/T 26436）检测，P27抗原检测阴性为合格。此项检测数量要求按30份/供体栋舍抽检。抗体检测时限为调运前1个月内，应用ELISA（J亚群抗体、A亚群、B亚群抗体）检测方

法检测抗体水平，免疫抗体合格符合规定。此项检测数量要求按总数的
0.5%（不少于30份）抽检。见表5-1。

（4）鸭瘟实验室检测主要通过病原学检测判定，检测时限为调运前3
个月内，根据《鸭病毒性肠炎诊断技术》（GB/T 22332）公布的方法，病
毒核酸检测阴性为合格。此项检测数量要求按30份/供体栋舍抽检。见表
5-1。

（5）小鹅瘟实验室检测主要通过病原学检测判定，检测时限为调运前
3个月内，根据《小鹅瘟诊断技术》（NY/T 560）公布的方法，病毒核酸检
测阴性为合格。此项检测数量要求按30份/供体栋舍抽检。见表5-1。

表5-1　种禽实验室检测要求

疫病名称	病原学检测			抗体检测			备注
	检测方法	数量	时限	检测方法	数量	时限	
高致病性禽流感	见《高致病性禽流感防治技术规范》《高致病性禽流感诊断技术》（GB/T18936）	30份/供体栋舍	调运前3个月内	见《高致病性禽流感防治技术规范》《高致病性禽流感诊断技术》（GB/T18936）	0.5%（不少于30份）	调运前1个月内	① 非雏禽查本体；②病毒核酸检测阴性，抗体检测符合规定为合格
新城疫	无	无	无	见《新城疫防治技术规范》《新城疫诊断技术》（GB/T16550）	0.5%（不少于30份）	调运前1个月内	抗体检测符合规定为合格
鸭瘟	见《鸭病毒性肠炎诊断技术》（GB/T 22332）	30份/供体栋舍	调运前3个月内	无	无	无	病毒核酸检测阴性为合格
小鹅瘟	见《小鹅瘟诊断技术》（NY/T 560）	30份/供体栋舍	调运前3个月内	无	无	无	病毒核酸检测阴性为合格
禽白血病	见《J-亚群禽白血病防治技术规范》《禽白血病诊断技术》（GB/T 26436）	30份/供体栋舍	调运前3个月内	ELISA（J亚群抗体、A亚群、B亚群抗体）	0.5%（不少于30份）	调运前1个月内	P27抗原检测阴性，抗体检测符合规定为合格